动物超级棒！
海洋打工仔

彭柳蓉　著

希望出版社

海洋打工仔

大海里的一些动物能从事特殊的工作,它们有的擅长清洁,保护海洋环境;有的能当保镖,为其他小伙伴提供安全保护;有的能当医生,会看病;有的没有翅膀,却是飞行家;有的是重磅拳击手,消灭敌人毫不留情。你想了解这些从事不同工作的海洋打工仔吗?

目录

- 海洋清洁工
- 海洋社交家 
- 海洋飞行家 
- 海洋除草工 
- 海洋拳击手

海洋清洁工

城市中有许多勤劳的清洁工,负责清理垃圾,让城市保持干净整洁。那么广阔的海洋里呢?也会有清洁工来处理垃圾吗?答案是——有,而且数量还很多。

海洋里的动物,除了人为捕捞的一部分,其他的在衰老和死亡后的尸体,这将是海洋食腐动物们生态系统中的一部分,普通的海洋尸体通常几天就会被分食干净。

当一头鲸鱼因为年老体衰或疾病死亡以后，庞大的身躯会下沉，最终落到深邃的海底，躺在泥泞的海床上。巨大的鲸鱼落下以后，有许多食腐动物，例如盲鳗、鼠尾鳕等，来吃它那柔软的大餐。这些食腐动物把它的尸体撕咬得面目全非，甚至只剩下骨架。这还没有完，寄居在鲸鱼尸骨附近的，但它们主要靠着鲸体内较小的残余动物或者，例如白氏食骨蠕虫。

太平洋睡鲨

生活在深海，体长超过4米，属杂食类动物，凶猛罕见。

深海蜘蛛蟹

生活在约3600米的深海，繁殖季节长达多年，它们的幼蟹能够横跨十几公里的海域，以甲壳类动物为食，同时也是许多海洋动物的猎物。

盲鳗

生活在深海，由于鲸鱼尸骨很快就成为非常美味。它没有眼睛，只有一张可伸缩的嘴，不满足的大嘴，重十几千克的猎物的身体，可以钻到尸骨里面的残余动物及许多美味的尸体内。

鲨鱼

主要以硬骨鱼海底泥沙中的其他小型生物为生,在狭窄的、含水量高的、动物多度较高的大陆架浅海区寻觅食物体内周围,但多喜欢居住在水较浅、小鱼集居的动物聚集地,然后以此为食。

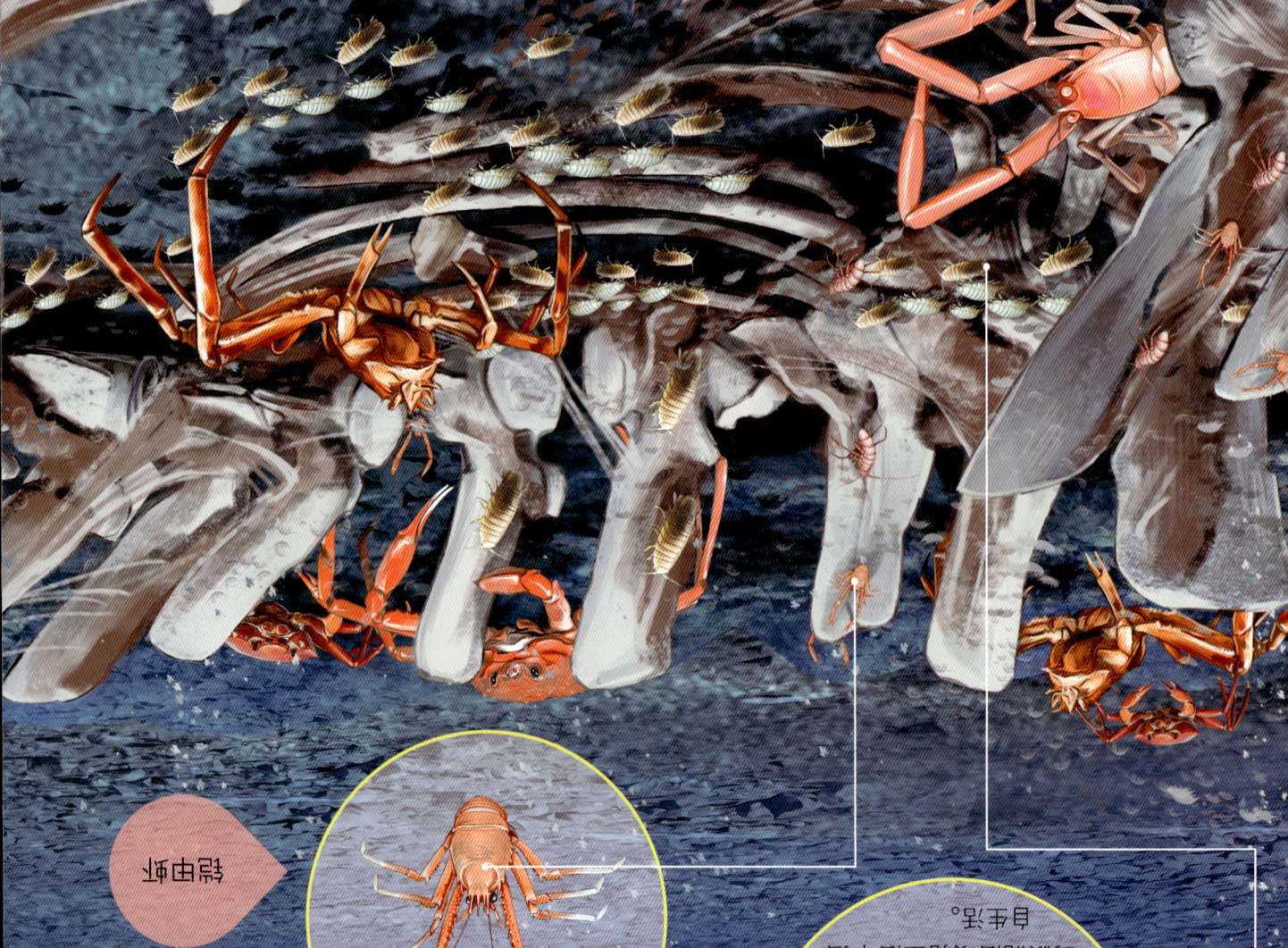

鲸油虾

大王具足虫

只这样体形巨大的食腐动物吃了后以后，就算很小一部分食腐动物被饿死了，其余幸存者也有机会来拍打上场，代替死者继续完成自己的工作。

鲸鱼死亡之后，海洋中尖齿动物少不了它们，有一些细菌不管是否在水里都能存活，它们成为食腐动物，不管是细菌还是海洋生物，以靠细菌和进食鲸鱼为最多。

随着氧化程度的不断加强，以及海流进行冲刷，尸体中的蛋白质转化为二氧化碳、水并生成的磷酸盐堆积起来，这个过程可以持续50年之久。

深海中重要的居居为力物，鲸片都有特别发达的外骨骼，与大虾一样，鱼身长约一米。像在海底深海泥居度移动上层的明显泥居度移动上层中的目击者。

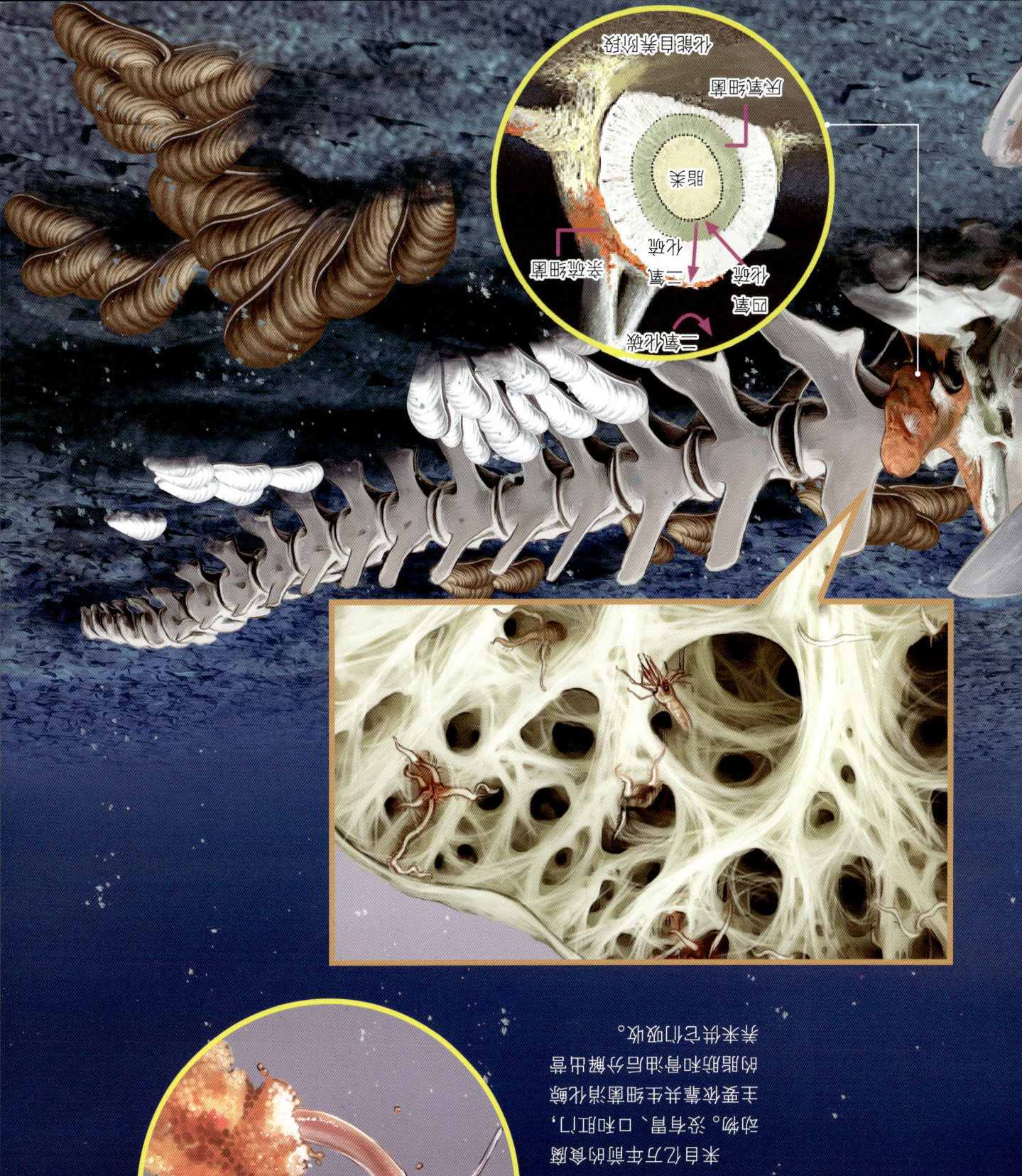

鲎

鲎,经常被认为是一种"活化石"之称,经常以沙虫、贝壳、海草等软体动物,和其他的底栖动物为食。

正是有了鳞虾的滋养它们,大海小动物才富有多彩性,并且形成了一个多等级的生态系统,才能够有更多的生命,并生长着。

海洋食物链

海洋植物大盘点

触手

海藻是一种美丽的动物，它没有身子，长着许多柔软的触手。它有的附着在物体上随着海水的波浪飘舞，就像海中盛开的花朵，它就是海葵。

海葵有许多的兄弟姐妹，它和水母们生活在一起，互相联姻，相亲相爱……据知道海葵昔日多么多姿多彩吗？你们能猜想它的历史有多久吗？它们就像地球的老者一起。

小丑鱼

海葵有名的伙伴就是美丽的小丑鱼。橙色和白色花纹相间的小丑鱼在海葵的触手间自由地出入，它们跳着多姿的舞蹈在海葵里筑巢、觅食。当水母靠近时，它们就躲入海葵的怀抱。

除了海葵外，和海葵共生的还有小虾。寄居蟹等其他动物。每个海葵通常共生有3～7只小虾，多者可达几十只。海葵共生的居民各有一套奇异的本领，以吸引自己的猎物。小虾有一双发达的螯和敏锐的嗅觉，能引诱食者，以准其不意袭击之；寄居蟹常把海葵背在身上，把其作为天然的屏障，有时就寄居在珊瑚的洞穴内，平日里，螃蟹等寄居者的游来游去，引诱各种能游到的海洋动物，它们游来细长的鳃多臂海葵，由此为长长长的生活。

海葵虾也是住在海葵家里的小伙伴。它通常不会离开海葵太远。除非附近没有大鱼出现，它才会冒险出去寻找食物，并且把食物带回来与海葵分享。

它会用海葵分泌的黏液覆盖全身，以保护自己不受海葵刺的侵扰。当它要蜕壳时，会先离开海葵，蜕壳完成后，又重新慢慢接近海葵，在全身都覆盖上海葵的黏液后，再进入海葵。

海葵虾

背着海葵游四海

对于总是原地不动的海葵来说,寄居蟹是一个非常棒的小伙伴。因为寄居蟹会把海葵背在背上,一起出发去旅行!

寄居蟹住在空的螺壳里,当它搬进新家后,就会到处寻找海葵。找到合适的海葵后,便用螯小心翼翼地把海葵取下来,放在螺壳上。两个小伙伴就开始了共同的旅行。一路上,海葵会保护寄居蟹,而寄居蟹则背着海葵觅食。这样的旅行实在太让人羡慕了。

住在海葵里的瓷蟹

瓷蟹其实不是真正的蟹，而是长得像螃蟹的龙虾。它也在海葵里躲避敌人。它的身体非常脆弱，在躲避天敌时，腿经常会断掉，成为诱饵，然后它趁机逃命。不过别担心，它很快又会长出新的腿。

海葵啦啦队队员

拳击蟹没什么自保能力，为了保护自己，它们会用爪子抓住有毒的海葵，对着敌人不停地挥舞，看起来就像一个在挥舞花球的啦啦队队员，有趣极了。

其他的海洋共栖现象

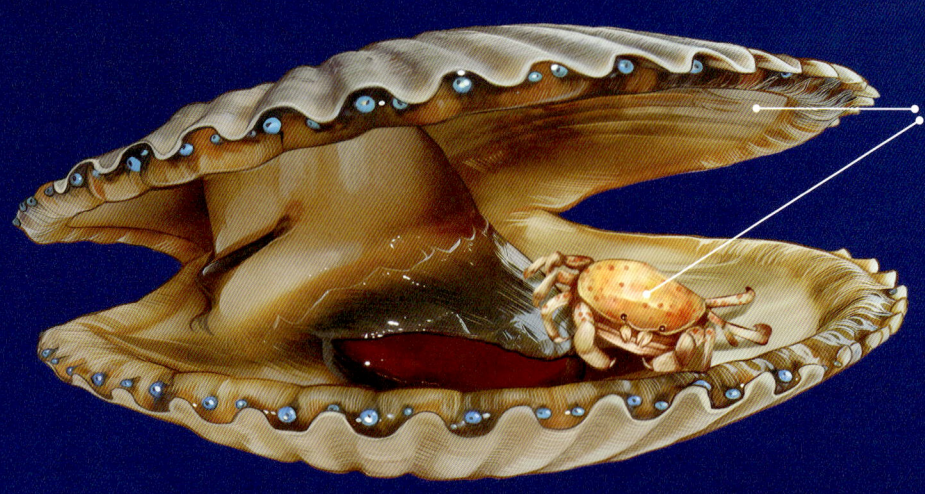

配合默契的豆蟹和扇贝

豆蟹是世界上最小的蟹种之一，只有米粒般大小。它们实在太小了，所以寻找食物和防御敌人的本领都很差，这可怎么办呢？

豆蟹和扇贝成为互相帮助的好朋友。平时，豆蟹在扇贝附近生活或寄居在扇贝里，捡它吃剩的残渣或者以扇贝的粪便为食。一旦发现扇贝的敌人，机警的豆蟹会立刻发出警报，让扇贝合上壳。如果敌人太难缠，豆蟹还会主动出击，将敌人赶走。

清洁虾长相出众，鱼脉广泛，是海洋里的"交际花"。它们不仅会吃掉大鱼表皮上的寄生虫，还会钻进大鱼嘴里去给它"刷牙"，消灭其牙缝中的剩余食物和寄生虫。有时候，一条大鱼身上会有上百只清洁虾在同时为它服务。接受了服务的大鱼，就像洗了个舒舒服服的澡，开心地游走了。不久后，它将再次光顾。

医术精湛的清洁虾

形影不离的向导鱼和鲨鱼

人人都害怕的鲨鱼也有好伙伴——向导鱼。

鲨鱼保护向导鱼的安全,向导鱼则在鲨鱼周围游来游去,吃鲨鱼剩下的食物。有时,体形很小的向导鱼还会游进鲨鱼嘴里,吃鲨鱼牙齿间的肉屑和寄生虫。因为鲨鱼视力不佳,向导鱼能帮助鲨鱼寻找猎物,它们给鲨鱼做向导,引导鲨鱼游向鱼群集结的海面,让鲨鱼能捕猎那些鱼。

开设医疗站的鱼医生

鱼医生的"医疗站"一般都设立在珊瑚礁、水中突兀的岩石、海草茂密的高地等地,它们会从其他鱼身上寻找寄生虫和甲壳类等生物,用嘴巴为病鱼清除细菌和坏死的细胞,帮大鱼解除烦恼,所以获得了"鱼医生"的称号。

蓝带裂唇鱼

蓝带裂唇鱼清理病鱼的体表和鳃部寄生虫。

海洋飞行家

　　海里怎么出现了一张大毯子？潜水员好奇地看着这张大毯子飘到身边，绕着自己转圈圈。咦，大毯子还拖着细细的长尾巴，仔细一看，原来是蝠鲼。

　　蝠鲼的英文名叫"manta"，源于西班牙语，意思就是毯子。又因为它身体表面大部分是黑色的，游泳姿势优雅飘逸，人们觉得它与飞行的蝙蝠很相似，所以给它起名叫蝠鲼。

　　蝠鲼是一种古老的软骨鱼，早在侏罗纪时期便出现在海洋中。1亿多年以来，它的外形几乎没有什么变化。

蝠鲼常在珊瑚礁附近巡游，它的食物主要是浮游生物、小鱼、虾。进食时，蝠鲼利用身体前端的头鳍把食物拨进它宽大的嘴里。游泳时，头鳍从下向外卷成角状，向着前方。

它的胸鳍十分宽大，类似鸟儿的翅膀，蝠鲼就是依靠扇动胸鳍，才能在水中自由游动。

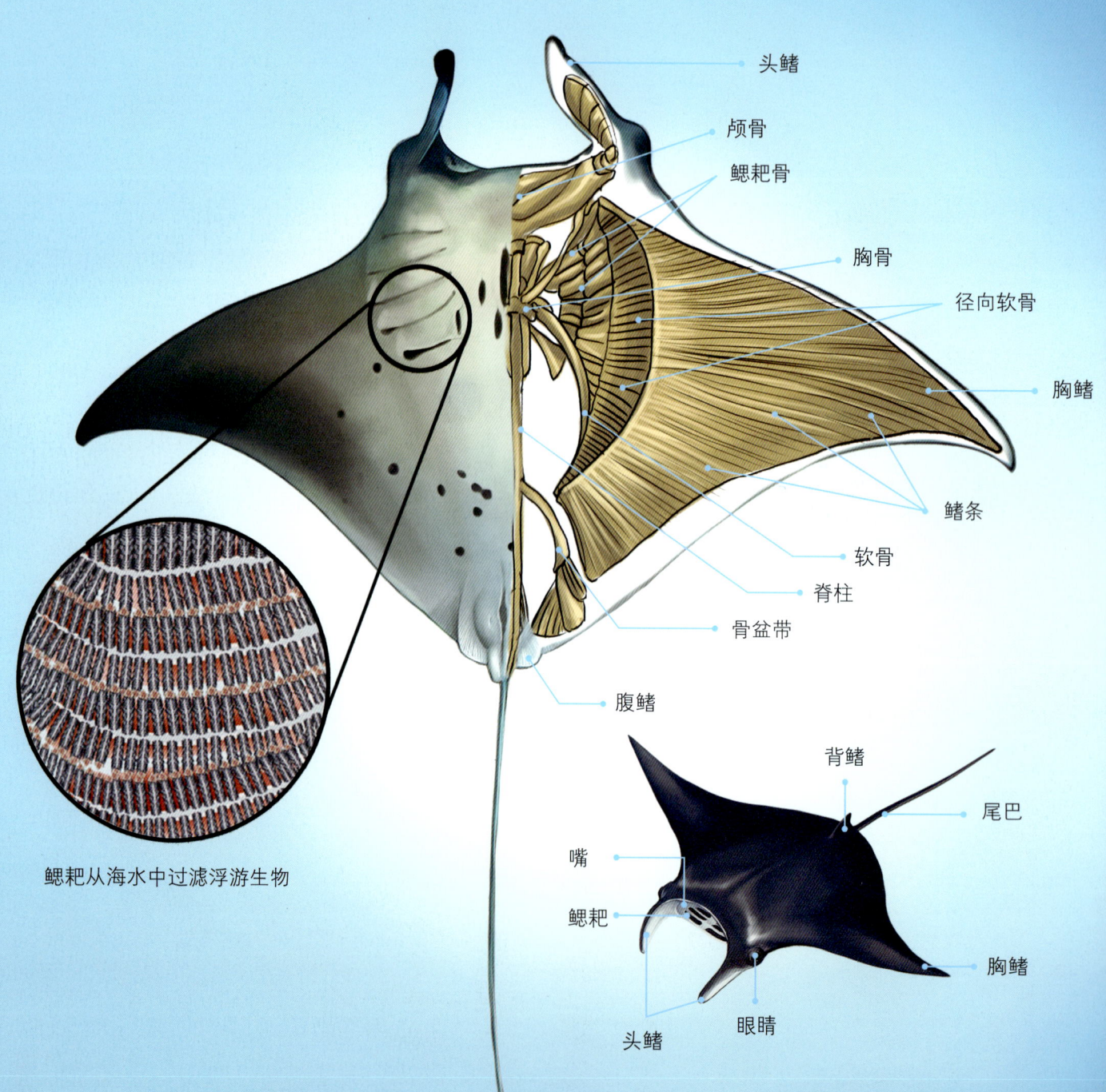

鳃耙从海水中过滤浮游生物

蝠鲼的食物

虾　　浮游生物　　小鱼

预备！跳！哗啦啦，海里突然蹿出一道黑影，在空中拍打"双翅"，然后落回海里。蝠鲼对人类没有攻击性，但是好奇心强，性情活泼。它有时候会跃出水面，然后扑回水中。人们猜测这是为了清除身上的寄生虫，或者是蝠鲼在与同伴进行交流。

蝠鲼也有安安静静的时候。比如现在，它正在珊瑚礁边上等着"鱼医生"来为自己清除身体上的死皮和寄生虫。这个病人实在太大了，几乎珊瑚礁附近所有的"鱼医生"都赶来了，忙个不停。

蝠鲼一动不动，感觉舒服极啦！

每年12月到第二年4月，是蝠鲼的繁殖季节。它们成群结队，赶往繁殖地点。

只见无数的黑色"大鸟"在水下前行，时不时有精力特别充沛的蝠鲼会跃出水面，在空中自由转身后再重新落进海里，溅起巨大的水花。

终于到达了目的地，蝠鲼们开始追逐自己的心上人。通常是几只体形较小的雄性一起尾随在体形稍大的雌性身后，经过一番追逐，雌蝠鲼如果被打动了，就会逐渐放慢速度，允许雄蝠鲼靠近，并最终结成伴侣。

蝠鲼宝宝的出生方式很特别。大部分鱼类都是卵生的，而蝠鲼宝宝则是卵胎生。受精卵在子宫内孵化后，子宫壁分泌营养液以滋养发育后期的幼崽。大约13个月后，小蝠鲼就会直接从母体中产出。

　　小蝠鲼刚出生的时候，蜷成一团，像一个小花卷。不久之后，它就能舒展胸鳍自由活动。小蝠鲼一生下来就有约20千克重，长约1米，如果是不了解它的人，肯定以为它已经成年了呢！

海洋除草工

小朋友,你听过美人鱼的故事吗?

传说中,大海里生活着一种美丽的动物,上半身是人类的样子,下半身却是一条鱼尾,它们的歌声婉转动听,具有特别的力量,被航行大海的水手们称为"美人鱼"。

实际上,海洋中的美人鱼原型是一种隶属于海牛目的哺乳动物,海牛目的动物还拥有"海洋除草工"的称号。

海牛

有海牛在的地方,水草就不会泛滥成灾,它是清理水草的能手。

古代的水手看到了抱着幼崽浮出海面的儒艮,将其误认为是美人鱼。

海牛家庭的小伙伴

亚马孙海牛

属于海牛目海牛科，主要分布在南美亚马孙河流域，前肢呈鳍状，有残留的指甲状构造。后肢退化，尾圆形。成体无毛，仅头部保存稀疏硬毛和触毛，皮厚，灰黑色，有很深的皱纹。以海藻或其他水生植物为食。

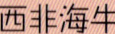

儒艮

属于海牛目儒艮科，生活在印度洋和太平洋沿岸的热带和亚热带水域，平均体长约 2.7 米，最大个体体长可达 3.3 米，体重可达 500~600 千克。儒艮是唯一完全食草的海洋哺乳动物。

西非海牛

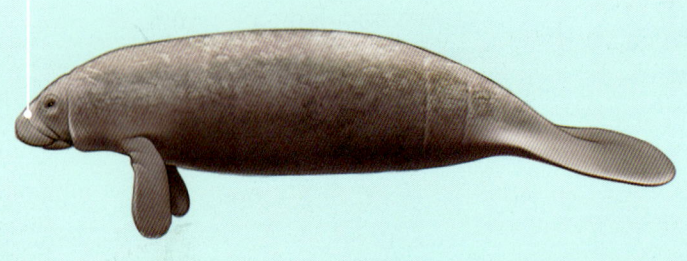

属于海牛目海牛科，外形和西印度海牛相似，主要分布于西非海岸、河流以及乍得湖等湖泊中，是对淡水和海水均比较适应的海牛。西非海牛可能是中、西部非洲美人鱼神话的由来。

西印度海牛

属于海牛目海牛科，又称为北美海牛、加勒比海牛，生活在加勒比海和墨西哥湾沿岸，可以自由穿梭于海水与淡水之间，皮肤厚而紧实，表面粗糙，体毛稀疏甚至无毛。

斯特拉大海牛

属于海牛目儒艮科，又称大海牛或巨儒艮，原分布于白令海，是唯一适应寒带气候的海牛，体形巨大，体长可达 7.9 米，约 3000 千克重，但由于人类的捕杀已经灭绝。

海牛是一种体形庞大的动物，它的嘴唇肥厚，方便在水里吃海草。它的饭量很大，每天可以吃掉相当于自己体重 5%~10% 的水生植物，是典型的食草动物。它吃草像卷地毯一般，一片一片地吃过去，誉有"海洋除草工"之称。因为吃的食物很粗糙，对牙齿的损耗较大，所以海牛会不断长出新牙齿。

海牛是哺乳动物，用肺呼吸，所以在水下时需要每隔一段时间就浮上水面换气。

海牛的鼻孔都有"盖子"，在水下时，鼻孔关闭，浮上水面换气时，"盖子"就像门一样打开。

海牛喜欢潜水，它用肺呼吸，能在水中潜游达十几分钟之久。它的肺脏、胸腔很大，自然肺活量也很大。

雌海牛每3~5年才繁殖一次，海牛妈妈的妊娠期为11~13个月，通常每次只生一个宝宝。小海牛一出生就会游泳，海牛妈妈会帮助宝宝浮出水面呼吸空气。小海牛出生后要跟海牛妈妈生活一年或更长时间，才能独立生活。

海洋拳击手

在印度尼西亚巴厘岛附近的水域中，生活着一种奇特的动物。它的颜色艳丽，犹如正在开屏的雄孔雀，不过，千万别被它的外表所迷惑，其实，它是一种特别凶残的肉食性节肢动物，名叫雀尾螳螂虾。

它的外表像孔雀，猎食的方式却像螳螂，因而得名。平常，它栖息在岩石缝里面，如果有猎物经过，就会用那对弹力十足的前螯钩狠狠地往猎物身上敲下去。

看什么看？小心我给你一拳！

强悍的身体构造

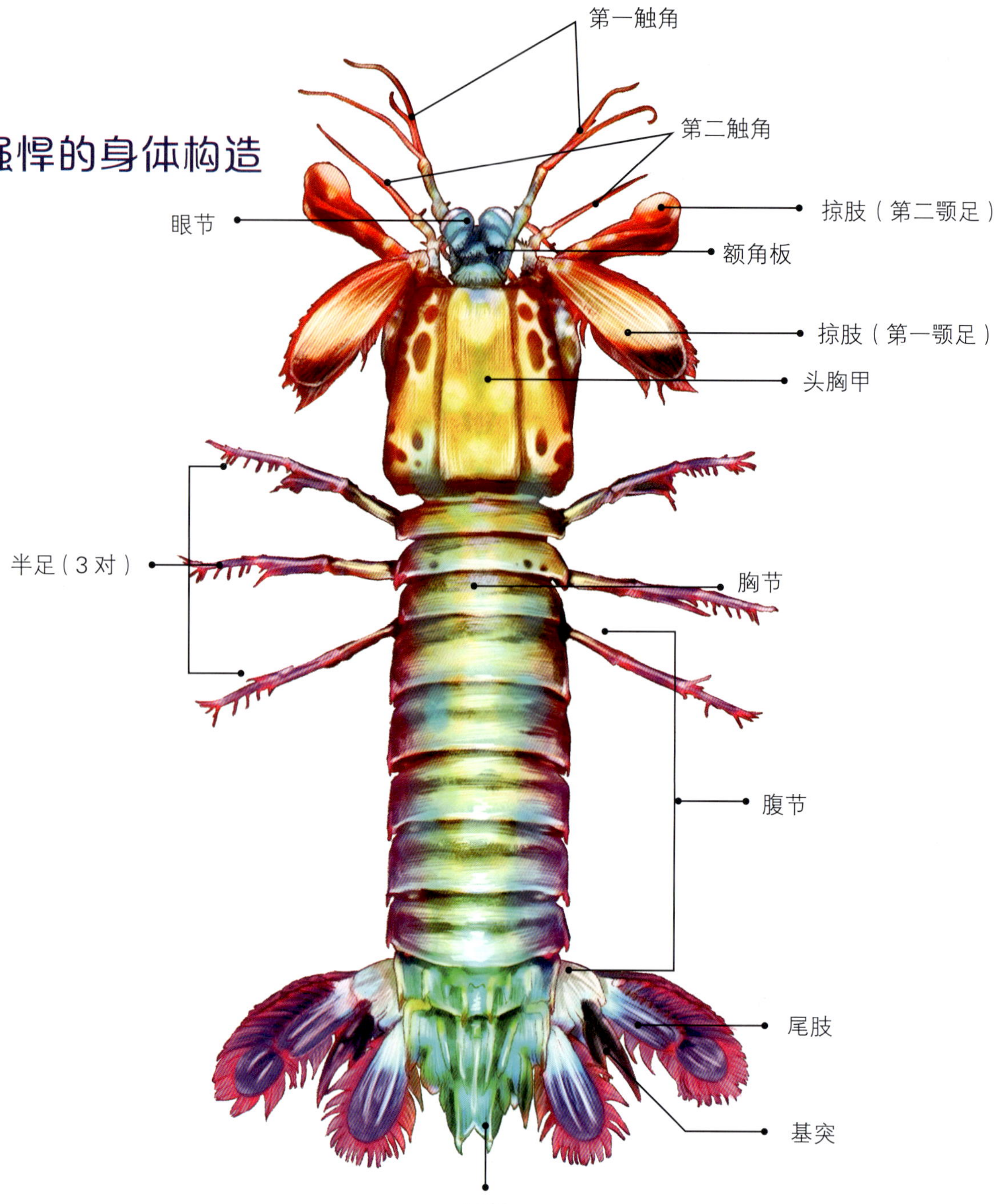

- 第一触角
- 第二触角
- 掠肢（第二颚足）
- 额角板
- 掠肢（第一颚足）
- 头胸甲
- 眼节
- 半足（3对）
- 胸节
- 腹节
- 尾肢
- 基突
- 尾刺

雀尾螳螂虾刚蜕壳的时候，身体还是软的，没有攻击力。如果遇到敌人，它不会进行攻击，而是试图用动作吓跑对方。

刚蜕壳的雀尾螳螂虾

螳螂的威吓动作与雀尾螳螂虾有异曲同工之妙。

贝壳遇到雀尾螳螂虾，十分害怕，紧紧地闭上了壳，不过，对雀尾螳螂虾来说，这根本毫无用处。它可是超级"拳击手"！它的颚足的弹射速度可以达到惊人的约80千米每小时，换算成时间则为1/50秒，"出拳"的瞬间甚至可以让周围出现电火花。它甚至可以敲碎玻璃缸！

可怜的贝壳根本不堪一击，很快就被敲碎，成为雀尾螳螂虾的食物。

雀尾螳螂虾的甲壳中含有大量糖分，因而它们的部分甲壳能反射圆偏振光，看上去就像闪闪发光的珠宝。它们利用圆偏振光与潜在配偶进行交流时不易被掠食者发现，因为其他动物可能看不见这种特殊光线。

雀尾螳螂虾是复眼结构，它眼睛中的每个色素都能对一种色彩产生反应，其色觉范围可以覆盖人类所能看见的所有光谱，还能看见人类看不见的紫外线和红外线，某些雀尾螳螂虾的色彩分辨能力甚至能达到16种之多。

在繁殖期，雌性雀尾螳螂虾会产下几万枚受精卵，为了保护后代的安全，它们会一直"环抱"着这些卵形成的卵团，直到孵化为止。

雀尾螳螂虾产出的卵团为粉红色，直径在1.5～3厘米之间，成熟的卵细胞呈圆形。受精卵在26℃～28℃的水温条件下，经过20天左右孵化。在卵孵为雀尾螳螂虾幼体之前，在洞穴与母亲待在一起。

当雀尾螳螂虾幼体离开洞穴及母亲，在水中浮游时，还需要再经历三个阶段的发育，才能成为成熟的雀尾螳螂虾。这三个阶段分别是**前浮游阶段**、**浮游阶段**和**后幼虫阶段**。

透明或半透明的雀尾螳螂虾幼体容易避开其他动物的捕猎。

找不同

上下两幅海底图共有5处不同,小朋友,你能找到它们吗?

贴一贴

一条大鱼死去，沉在海底。小朋友，快来贴一贴，让海洋清洁工来清理卫生啦！

小朋友，我们的城市整洁有赖于清洁工人的不懈努力。海洋也需要清洁工吃掉死去的海洋生物，清理过多的水草。请选出正确的海洋清洁工。

海洋清洁工

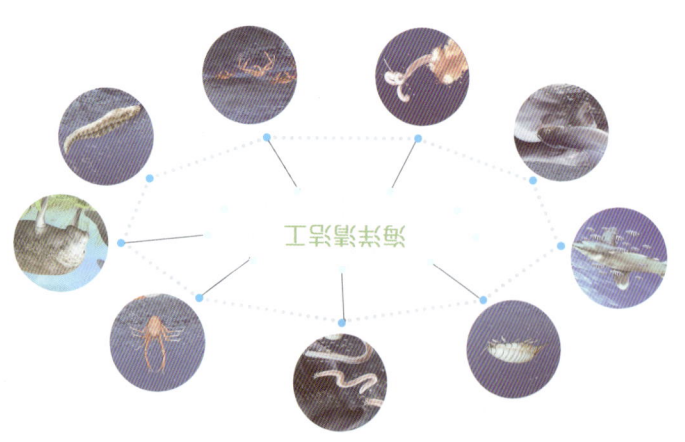

作者简介

彭柳蓉，少儿科普科幻作家，中国作家协会会员和中国科普作家协会会员。曾任《科幻世界》（少年版）、《小小科学家》、《小牛顿》等儿童科普杂志的执行副主编。创作的作品曾获"银河奖"年度最佳少儿短篇奖，少儿科幻星云奖的中长篇小说金奖和短篇小说金奖，以及冰心儿童文学小说类新作奖。她喜欢把大自然的动植物变成故事里的主角，用活泼有趣的方式，让小朋友们在阅读中与科学交朋友。她的作品像是一座桥梁，连接着孩子们的想象力和科学世界，让他们在轻松愉快的阅读中，自然而然地爱上科学。

作者有话说

亲爱的小读者们，作为"动物超级棒！"系列的作者，我有幸带领大家走进神奇的大自然，去认识那些可爱的动物。这个系列丛书有**《住在花园里》《湿地有万物》《海洋打工仔》《小不点，大本领》**以及**《超能动物团》**。

在《住在花园里》中，我们探索了地球上那些非同一般的"花园"，发现从沙漠到雨林，从孤岛到树冠，每一处都是一个独特的生态系统，孕育着多姿多彩的生命。在《湿地有万物》中，我们领略了湿地这个"地球之肾"中复杂的生态网络，一起去见证湿地如何维持生态平衡。在《海洋打工仔》中，我们潜入海洋深处，发现了许多从事特殊"职业"的"海洋打工人"，它们的生活方式和生存策略，让我们对海洋生态有了更深的认识。《小不点，大本领》则让我们明白了，即使是最不起眼的动物，也有着令人惊叹的生存技能。《超能动物团》则揭示了那些拥有超能力的动物，它们的特殊能力令我们惊叹不已。

通过这一系列图书，我希望能够激发小读者们去了解我们生存的这个星球上，生命的复杂性与多样性，对大自然产生好奇心和敬畏心。动物不仅仅是人类在地球上的邻居，它们的存在和行为也对我们有着深远的影响。它们的生存策略和适应能力都是值得我们学习的。

我希望小读者们能从这些可爱的动物身上汲取到成长与生存的力量。让我们一起保护这些神奇的动物，让它们的能力能够继续在自然界中发挥作用，为我们的蓝色星球增添生机与活力。

感谢你们的阅读，希望你们能喜欢"动物超级棒！"。

图书在版编目（CIP）数据

海洋打工仔 / 彭柳蓉著 . -- 太原：希望出版社，2025.2.--（动物超级棒！）.-- ISBN 978-7-5379-9314-2

Ⅰ.Q95-49

中国国家版本馆 CIP 数据核字第 20251H89R1 号

动物超级棒！海洋打工仔
DONGWU CHAOJI BANG

彭柳蓉　著

出版 人：王　琦	终　　审：王　琦
项目策划：傅晓明　赵晓旭	美术编辑：王　蕾
责任编辑：赵晓旭	装帧设计：陈东升
复　　审：翟丽莎	责任印制：李　林

出版发行：希望出版社
地　　址：山西省太原市建设南路 21 号
开　　本：889mm×1194mm　1/16　　印　张：3
版　　次：2025 年 2 月第 1 版　　印　次：2025 年 2 月第 1 次印刷
印　　刷：山西基因包装印刷科技股份有限公司
书　　号：ISBN 978-7-5379-9314-2　　定　价：36.00 元

版权所有　盗版必究
若发生质量问题，请与印刷厂联系调换。联系电话：0351-3782011